Karl-Heinz Keller
Peter Pfaff

Das Übungsheft 4

Name: ____________

Klasse: ____________

Bestell-Nr. 4503-54 · ISBN 978-3-619-45354-2

www.mildenberger-verlag.de
E-Mail: info@mildenberger-verlag.de

Auflage Druck 7 6 5 4
Jahr 2012 2011 2010 2009

Bezugsmöglichkeiten
Alle Titel des Mildenberger Verlags erhalten Sie unter: www.mildenberger-verlag.de oder im Buchhandel. Jede Buchhandlung kann alle Titel direkt über den Mildenberger Verlag beziehen.
Ausnahmen kann es bei Titeln mit Lösungen geben: Hinweise hierzu finden Sie in unserem aktuellen Gesamtprogramm.

Illustrationen: Assen Münning
Umschlaggestaltung: Karlheinz Arian Kolster
Druck: B&K Offsetdruck GmbH, 77833 Ottersweier
Gedruckt auf umweltfreundlichen Papieren

Mildenberger Verlag

Trainingsregeln

1. Trainiert täglich etwa 5 Minuten.
2. Trainiert gemeinsam in der Klasse.
3. Trainiert so, dass einer nach dem anderen laut vorrechnet, alle mitrechnen (kontrollieren) und das Ergebnis aufschreiben.

Sind alle Aufgaben einer Seite gelöst, darf der Hamster der entsprechenden Seite ausgemalt werden.

Ausdauerndes, konsequentes, regelmäßiges Üben kann zu einer wesentlichen Verbesserung der Rechenleistung führen.

Wissenschaftler haben herausgefunden:
Je mehr Sinne eingesetzt werden, desto besser ist der Übungserfolg.

So wirken die Trainingsregeln:

Alle  die Aufgaben.

Alle  die Aufgaben.

Alle  die Aufgaben.

Alle  die Aufgaben.

Außerdem:
Das gemeinsame Üben ermöglicht die sofortige Verbesserung durch die Lehrerin oder den Lehrer. Somit werden keine falschen Lösungen eingeprägt.

①

·	5	15
2		
4		
8		
5		
10		
0		
9		
3		
6		
7		
1		
11		

②

·	2	20
1		
2		
5		
10		
3		
6		
4		
8		
7		
9		
11		
0		

③

:	5
25	
27	R
40	
44	R
15	
18	R
35	
36	R
45	
47	R
30	
34	R

Kontrolle:

$5 \cdot 5 =$

$5 \cdot 5 + 2 =$

④

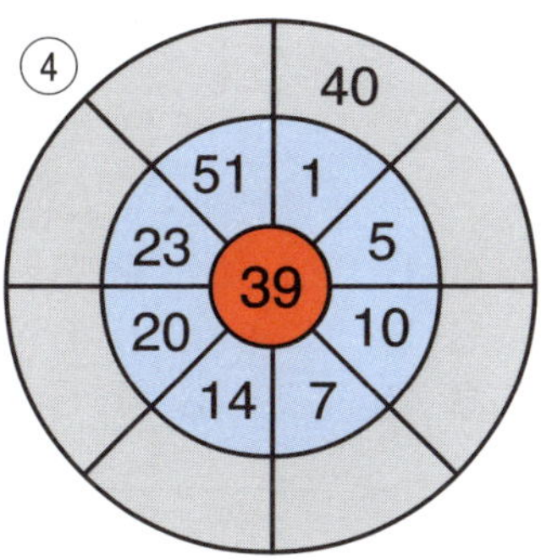

⑤

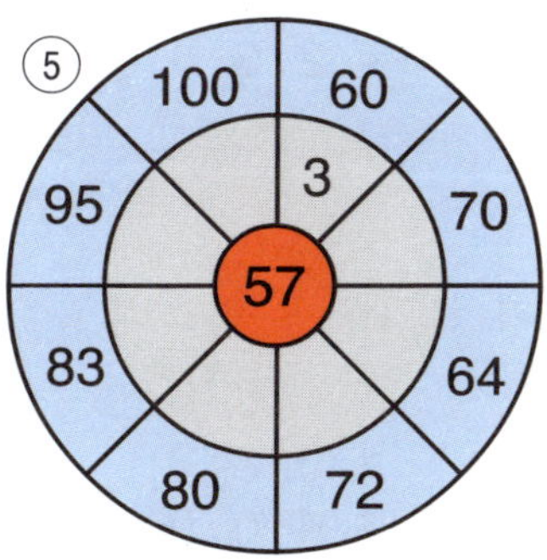

⑥

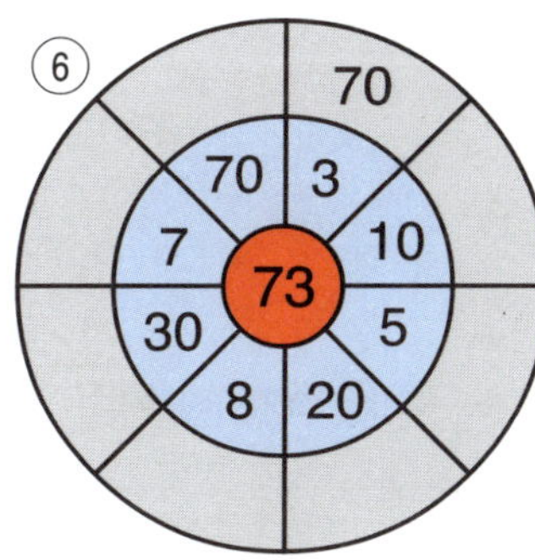

⑦

7	5	8	20
6	8		18
18	18		50

⑧

9	3		20
8	7		19
20	25		60

⑨

6	5		22
9	9		25
21	30		80

①

·	4	40
10		
9		
5		
7		
6		
8		
3		
0		
2		
4		

②

·	8	18
2		
4		
8		
5		
0		
10		
9		
3		
6		
7		

③

:	8
24	
27	R
40	
47	R
64	
66	R
48	
52	R
72	
78	R

Kontrolle:

3 · 8 =

3 · 8 +

④

	2	3	7
+	3	3	3

⑤

	5	8	0
+	2	9	0

⑥

	4	3	2
+	2	3	4

⑦

		6	2
+	6	6	6

⑧

	4	6	2
+	2	6	1

⑨

	3	4	5
+		7	7
+	4	0	5

⑩

	3	6	6
+	1	6	6
+	2	6	6

⑪

		8	8
+	3	8	8
+	4	0	9

⑫

	1	3	5
+	3	3	3
+	2	3	2

⑬

	1	2	3
+	4	5	6
+	3	4	5

⑭

7	7		20
4	6		30
20	25		80

⑮

9	7		23
8	8		24
27	25		90

⑯

6	6		21
10	8		25
24	30		100

(1)

·	103
1	
9	
5	
7	
6	
8	
3	
0	
2	
4	

(2)

·	6	16
1		
2		
5		
10		
3		
6		
4		
8		
7		
9		

(3)

:	6
12	2 R 0
15	R
38	R
40	R
19	R
47	R
26	R
54	R
27	R
53	R

Kontrolle:

2 · 6 =

(4)

	6	9	5
–	2	7	7

(5)

	8	8	0
–	4	6	6

(6)

	9	8	3
–	7	9	9

(7)

	4	5	5
–	3	6	6

(8)

	5	2	3
–	2	6	6

(9)

	7	1	3
–	5	8	0

(10)

	6	4	4
–	3	7	7

(11)

	2	0	7
–		8	8

(12)

	8	0	0
–	6	7	5

(13)

	9	1	2
–	8	7	6

(14)

	7	3	3
–	5	6	6

(15)

	9	0	2
–	2	7	8

(16)

	7	2	0
–	5	6	9

(17)

	6	0	8
–	2	5	3

(18)

	6	7	0
–	4	8	9

(19)

	3	2	1
–	1	9	9

A	C	D	E	G	H	I	L	M	N	O	R	S	T	W	Y	Z
0	1	7	8	13	27	36	75	112	126	144	180	240	280	309	320	400

$3 \cdot 103 =$ 309 (W)
$4 \cdot 9 =$ ___
$9 \cdot 20 =$ ___
$8 \cdot 30 =$ ___
$94 - 58 =$ ___
$7 \cdot 18 =$ ___
$56 : 8 =$ ___
$40 \cdot 10 =$ ___
$309 \cdot 1 =$ ___
$81 - 73 =$ ___

$2 \cdot 18 =$ ___
$6 \cdot 40 =$ ___
$8 \cdot 40 =$ ___
$6 \cdot 30 =$ ___
$6 \cdot 6 =$ ___
$4 \cdot 60 =$ ___
$37 : 37 =$ ___
$72 - 45 =$ ___
$48 : 6 =$ ___
$130 : 10 =$ ___

$8 \cdot 18 =$ ___
$93 - 18 =$ ___
$35 : 5 =$ ___
$27 : 1 =$ ___
$0 : 76 =$ ___
$7 \cdot 16 =$ ___
$24 \cdot 10 =$ ___
$7 \cdot 40 =$ ___
$56 : 7 =$ ___
$180 + 0 =$ ___

W _ _   _ _ _ _   _ _ _ _   _ _ _ _ _ _ _ _

_ _ _ _ _ _ _ _ _ _ _ .

①

·	7	17
2		
4		
8		
5		
0		
10		
9		
3		
6		
7		

②

·	9	90
1		
2		
5		
10		
3		
6		
4		
8		
7		
9		

③

:	7
63	R 0
65	R
36	R
53	R
31	R
42	R
62	R
47	R
23	R
50	R

Kontrolle:

④
59 + 5 =
359 + 5 =

⑤
31 – 8 =
131 – 8 =

⑥
41 + ___ = 100
241 + ___ = 1000

⑦
37 + 9 =
437 + 9 =

⑧
54 – 6 =
454 – 6 =

⑨
65 + ___ = 100
565 + ___ = 1000

⑩
76 + 6 =
876 + 6 =

⑪
67 – 9 =
267 – 9 =

⑫
32 + ___ = 100
932 + ___ = 1000

⑬
38 + 5 =
138 + 5 =

⑭
42 – 6 =
542 – 6 =

⑮
29 + ___ = 100
429 + ___ = 1000

⑯
67 + 7 =
267 + 7 =

⑰
55 – 7 =
355 – 7 =

⑱
46 + ___ = 100
346 + ___ = 1000

① 21 : 3 =
210 : 30 =
210 : 3 =

② 42 : 6 =
420 : 60 =
420 : 6 =

③ 56 : 8 =
560 : 8 =
560 : 80 =

④ 36 : 4 =
360 : 4 =
360 : 40 =

⑤ 60 : 6 =
600 : 6 =
600 : 60 =

⑥ 32 : 8 =
320 : 80 =
320 : 8 =

⑦ 16 : 4 =
160 : 40 =
160 : 4 =

⑧ 49 : 7 =
490 : 70 =
490 : 7 =

⑨ 90 : 9 =
900 : 9 =
900 : 90 =

⑩ 45 : 5 =
450 : 5 =
450 : 50 =

⑪ 70 : 7 =
700 : 70 =
700 : 7 =

⑫ 63 : 9 =
630 : 90 =
630 : 9 =

⑬
125 + 8 =
125 + 80 =
125 + 800 =

⑭
631 – 4 =
631 – 40 =
691 – 400 =

⑮
245 + 7 =
245 + 70 =
245 + 700 =

⑯
249 + 6 =
249 + 60 =
249 + 600 =

⑰
974 – 7 =
974 – 70 =
974 – 700 =

⑱
468 + 4 =
468 + 40 =
468 + 400 =

⑲
317 + 5 =
317 + 50 =
317 + 500 =

⑳
732 – 3 =
732 – 30 =
732 – 300 =

㉑
169 + 4 =
169 + 40 =
169 + 400 =

Der 1. Rechenmeister

①
4 · 3 =
6 · 5 =
5 · 7 =
9 · 8 =
7 · 6 =

②
8 · 40 =
7 · 70 =
5 · 90 =
3 · 80 =
9 · 30 =

③
7 · 15 =
4 · 19 =
8 · 17 =
3 · 16 =
9 · 12 =

④
32 : 8 =
28 : 4 =
21 : 7 =
36 : 6 =
63 : 9 =

⑤
268 + 7 =
268 + 70 =
268 + 700 =

⑥
512 − 4 =
512 − 40 =
512 − 400 =

⑦
29 : 3 = ____ R ____ ____ · 3 + ____
15 : 2 = ____ R ____ ______________

⑧
39 : 5 = ____ R ____ ______________
60 : 7 = ____ R ____ ______________

⑨

	3	5	4
+	2	7	6

⑩

	6	3	3
+	2	9	8

⑪

	9	8	7
−	3	8	6

⑫

	8	0	4
−	7	9	6

⑬

5	4		15
6	7		20
19	18		57

⑭

12	15		30
11	14		35
32	33		95

In 10 Minuten hast du ☐ Aufgaben richtig gelöst.

①

·	6
3	
	36
7	
	24
8	
	60
9	
	30
2	
	0
11	
	6

②

:	6
12	
24	
48	
30	
0	
60	
54	
18	
36	
42	
6	
66	

③

·	60	66
10		
9		
5		
7		
6		
8		
3		
0		
2		
4		
11		
1		

④

:	60	10
120		
240		
480		
300		
0		
600		
540		
180		
360		
420		
60		
660		

⑤

	6	3	3
–	4	7	5

⑥

	7	1	1
–	2	8	9

⑦

	3	2	4
–	1	3	5

⑧

	9	5	6
–	7	8	8

⑨

	8	0	1
–	7	7	7

⑩

	6	3	0
–	5	6	8

⑪

	9	2	1
–	2	4	5

⑫

	7	1	1
–	6	7	9

⑬

	9	7	5
–	2	2	0
–	1	3	6
–		8	3

⑭

	6	7	2
–	1	5	0
–		7	6
–		9	5

⑮

	8	4	6
–		1	7
–	2	8	0
–	1	2	9

⑯

	7	9	8
–	2	7	6
–	1	0	3
–	2	1	2

①

·	9	19	90
1			
2			
5			
10			
3			
6			
4			
8			
7			
9			
11			
0			

②

:	9
90	
	9
45	
	7
54	
	8
27	
	0
18	
	4
9	
	11

③

:	9
20	R
40	R
73	R
45	R
6	R
35	R
89	R
33	R
54	R
70	R
94	R
12	R

Kontrolle:

④

25	9		40
	5		
12		20	
50	30		120

⑤

	7	7	
9	23		40
	8	15	30
		30	140

⑥

	13		38
20		9	40
14	17	12	
50			121

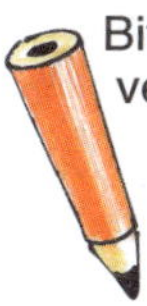

Bitte Bleistift verwenden!

⑧

⑦

⑨

①

·	8
1	
	16
5	
	80
3	
	48
4	
	64
7	
	72
11	
	0

②

:	8
80	
	9
40	
	7
48	
	8
24	
	0
16	
	4
8	
	11

③

·	80	88
3		
6		
7		
	320	
8		
10		
	720	
5		
	0	
2		
11		
	80	

④

:	80	10
160		
320		
640		
		40
0		
	10	
720		
		24
480		
	7	
80		
		88

⑤

	4	1	5
−	2	1	4

⑥

	7	2	2	6
−	3	5	1	8

⑦

	5	1	1	2
−	3	2	4	0

⑧

	6	3	5	1
−	2	4	0	6

⑨

	9	8	7
−	6	7	8

⑩

	9	0	1	6
−	3	3	3	3

⑪

	4	4	4	4
−	1	2	5	8

⑫

	3	5	1	2
−	2	1	5	6

⑬

	9	0	3
−	3	2	2
−	1	5	0
−		6	1
−	2	0	8

⑭

	8	2	2	2
−	4	1	0	6
−		3	1	8
−	1	5	2	0
−	2	1	0	6

⑮

	9	0	0	0
−	1	2	2	5
−	3	6	4	0
−		2	5	0
−	2	4	0	3

⑯

	5	3	2	2
−		8	1	6
−		6	3	3
−	2	1	0	0
−		7	0	5

A	B	D	E	H	I	K	L	N	O	R	T	U	Ü
0	1	4	7	9	50	60	70	90	143	198	440	462	616

$320 : 80 =$ ___

$7 \cdot 66 =$ ___

$83 - 79 =$ ___

$630 : 90 =$ ___

$720 : 8 =$ ___

$3 \cdot 66 =$ ___

$87 + 56 =$ ___

$5 \cdot 88 =$ ___

$350 : 50 =$ ___

$630 : 7 =$ ___

$240 : 4 =$ ___

$0 \cdot 99 =$ ___

$6 \cdot 33 =$ ___

$280 : 70 =$ ___

$450 : 9 =$ ___

$0 + 90 =$ ___

$0 : 60 =$ ___

$350 : 5 =$ ___

$2 \cdot 99 =$ ___

$143 \cdot 1 =$ ___

$10 \cdot 44 =$ ___

$65 + 78 =$ ___

$270 : 30 =$ ___

$215 - 17 =$ ___

$66 : 66 =$ ___

$7 \cdot 88 =$ ___

$210 : 3 =$ ___

$87 - 86 =$ ___

$599 + 17 =$ ___

$630 : 9 =$ ___

Oben siehst __ ___ _____ ________

und den ____________ .

①

·	7
3	
	42
11	
	28
7	
	56
	70
9	
	35
0	
	7
20	

②

:	7
14	
28	
	8
	5
0	
70	
	9
	3
42	
	1
	11
49	

③

·	70	77
9		
1		
11		
	350	
10		
3		
	420	
4		
	0	
8		
2		
	490	

④

:	70	10
350		
	2	
		70
210		
	9	
		49
280		
	6	
		7
560		
0		
		77

⑤

Vorgänger		Nachfolger
999	1 000	1 001
	2 000	
	5 000	
8 999		
	4 099	
		3 401
	10 000	
		30 001
	60 000	
89 999		

⑥

Vorgänger		Nachfolger
	34 000	
36 998		
	38 400	
		45 100
	45 999	
49 998		
	50 000	
		59 450
	51 900	
53 009		

Der 2. Rechenmeister

①
240 : 10 =
400 : 80 =
280 : 70 =
810 : 10 =
720 : 80 =
300 : 60 =

②
540 : 60 =
490 : 70 =
450 : 10 =
640 : 80 =
350 : 70 =
900 : 10 =

③
4 · 66 =
3 · 77 =
2 · 88 =
5 · 77 =
4 · 88 =
7 · 66 =

④
30 : 9 = ___ R ___   ___ · 9 + ___
40 : 9 = ___ R ___   ______

⑤
50 : 9 = ___ R ___   ______
80 : 9 = ___ R ___   ______

⑥

Vorgänger		Nachfolger
	1 000	
	6 000	
	35 386	
	61 599	

⑦

Vorgänger		Nachfolger
	70 000	
	46 999	
	88 000	
	99 999	

⑧

	1	2	7	9	9
–		5	3	4	6

⑨

	9	0	0	0	0
–		6	5	8	0

⑩

	4	7	3	3	1
–		8	5	9	9

⑪

25	10		40
		8	
20	8		
70	25	15	110

⑫

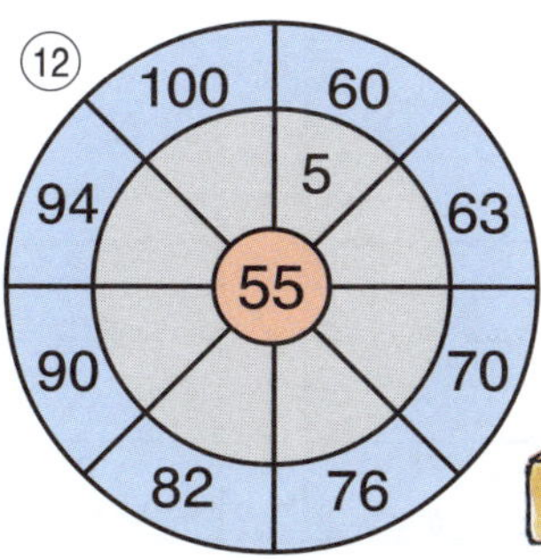

⑬

In 10 Minuten hast du ☐ Aufgaben richtig gelöst.

①

·	104	44
2		
4		
8		
5		
0		
10		
1		
11		
9		
3		
6		
7		

②

:	40
40	
80	
	5
400	
120	
	6
160	
320	
	7
360	
0	
	11

③

:	4
14	R
23	R
32	R
29	R
38	R
27	R
24	R
18	R
3	R
33	R
42	R
9	R

Kontrolle:

④

Vorgänger		Nachfolger
	3 000	
	3 700	
	3 080	
	3 999	
	40 000	
	45 000	
	45 099	
	45 769	
	49 900	
	49 999	

⑤

Vorgänger		Nachfolger
	60 000	
	63 099	
	64 309	
	68 000	
	69 999	
	80 000	
	83 700	
	70 010	
	77 000	
	99 999	

①

:	6
60	
	9
30	
	7
36	
	8
18	
	0
12	
	4
6	
	11

②

:	60	6	10
60			
120			
300			
600			
660			
180			
	6		
		40	
	8		
		70	
			54
0			

③

:	6	Kontrolle:
20	R	
39	R	
47	R	
25	R	
52	R	
8	R	
	R	10 · 6 + 3 =
	R	9 · 6 + 1 =
	R	5 · 6 + 4 =
	R	0 · 6 + 2 =
	R	3 · 6 + 5 =
	R	2 · 6 + 3 =

④

	3	6	9	4
+		8	1	7
+			9	5
+	7	0	0	2
+		9	8	1

⑤

	1	5	3	5	0
+		2	7	6	1
+	6	5	0	0	0
+		4	7	6	8
+			3	9	5

⑥

		2	5	0	9
+	1	7	1	1	1
+		8	0	6	6
+			4	0	5
+	5	0	5	9	0

⑦

			6	6	4
+	1	9	2	0	0
+	9	4	0	0	8
+		6	8	8	8
+	1	3	9	0	5

⑧

	7	7	3	3
+		5	0	7
+	1	9	0	0
+	5	6	6	3
+		8	0	0

⑨

			1	5	9
+	2	0	0	0	0
+		7	6	6	6
+		1	3	3	3
+		9	2	0	1

⑩

	2	3	4	0	9
+		5	2	1	7
+	6	0	5	0	0
+	3	0	0	8	5
+		2	2	2	2

⑪

			3	1	0
+				9	9
+	9	9	9	9	9
+		1	2	3	3
+	1	4	0	8	0

①

:	8
16	
	4
64	
	5
0	
	10
72	
	3
48	
	7
8	
	11

②

:	80	8
800		
720		
400		
	7	
		60
	8	
240		
	1	
		20
0		
		110
	4	

③

:	8	Kontrolle:
12	R	
21	R	
	R	$5 \cdot 8 + 2 =$
	R	$10 \cdot 8 + 7 =$
30	R	
51	R	
	R	$4 \cdot 8 + 1 =$
	R	$8 \cdot 8 + 6 =$
63	R	
77	R	
	R	$3 \cdot 8 + 4 =$
	R	$1 \cdot 8 + 7 =$

④

	1	2	8	0	0
–		6	4	8	8

⑤

	8	7	3	5	6
–	2	9	5	3	3

⑥

	1	0	0	0	0	0
–		8	3	6	7	8

⑦

	6	1	2	3	4
–	2	2	3	4	5

⑧

	5	0	6	3	0
–		4	7	8	8

⑨

	1	0	0	0	0	0
–		7	9	4	7	3

⑩

	9	9	9	5	7
–		6	2	1	3
–		2	1	0	1
–			3	1	2

⑪

	7	8	5	6	6
–		3	4	2	2
–			8	0	4
–	7	1	3	6	4

⑫

	1	0	0	0	0	0
–			5	2	7	0
–		1	7	8	5	6
–		5	0	7	4	0

①

:	9
	3
54	
	7
36	
	8
90	
	9
45	
	0
9	
	2
99	

②

:	90	10
180		
360		
720		
	7	
		45
	1	
		90
810		
		27
	6	
		99
0		

③

:	9	Kontrolle:
20	R	
40	R	
	R	$8 \cdot 9 + 8 =$
	R	$5 \cdot 9 + 3 =$
7	R	
79	R	
	R	$9 \cdot 9 + 5 =$
	R	$3 \cdot 9 + 6 =$
55	R	
70	R	
	R	$10 \cdot 9 + 4 =$
	R	$1 \cdot 9 + 7 =$

④ Bitte Bleistift verwenden!

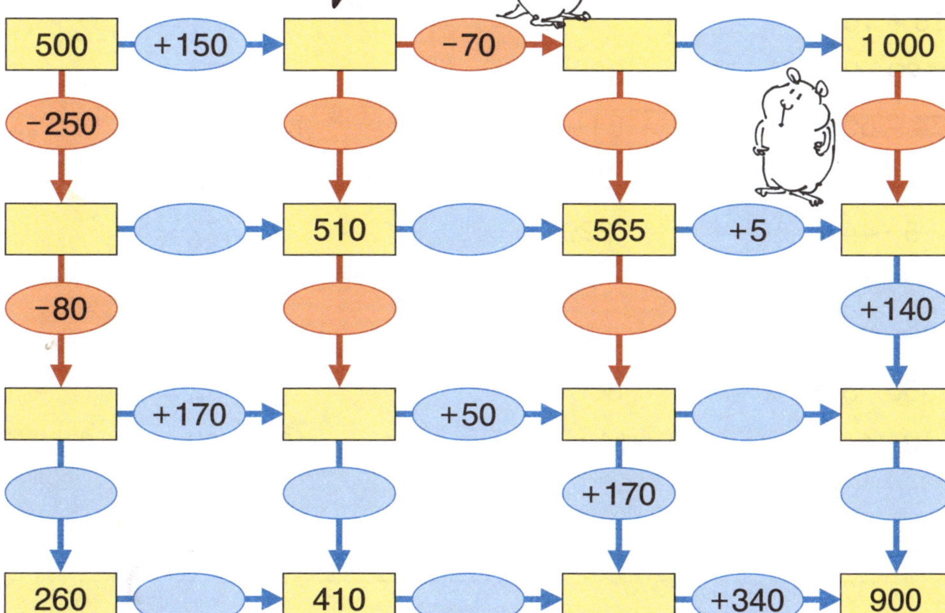

A	B	C	E	H	I	K	M	N	R	S	T	U
8	14	32	38	40	70	132	154	220	308	396	462	616

420 : 6 =
16 + 16 =
120 : 3 =
74 – 60 =
560 : 8 =
5 · 44 =
3 · 44 =
160 : 20 =
350 : 5 =
9 · 44 =

92 – 54 =
4 · 77 =
388 + 8 =
81 – 49 =
280 : 7 =
220 · 1 =
8 · 77 =
7 · 44 =
308 – 0 =
140 : 10 =

240 : 30 =
308 : 1 =
6 · 77 =
428 + 34 =
63 – 55 =
2 · 77 =
480 : 60 =
297 + 11 =
140 : 2 =
180 + 40 =

ein

.

①

·	70	700	7 000
3			
5			
7			
9			

②

·	60	6 000	600
2			
4			
6			
8			

③

·	80	800	8 000
10			
3			
7			
5			

④

·	90	9 000	900
9			
7			
4			
8			

⑤

2 500 + 6 =

2 500 + 60 =

2 500 + 600 =

2 500 + 6 000 =

2 548 + 6 =

2 548 + 60 =

2 548 + 600 =

2 548 + 6 000 =

⑥

8 005 – 7 =

8 005 – 70 =

8 005 – 700 =

8 005 – 7 000 =

8 225 – 7 =

8 225 – 70 =

8 225 – 700 =

8 225 – 7 000 =

⑦

Zahl	360	750	970		
das Doppelte				1 230	4 650

Der 3. Rechenmeister

①

7 · 13 =

9 · 15 =

6 · 16 =

5 · 18 =

3 · 19 =

②

320 : 8 =

300 : 60 =

720 : 9 =

480 : 80 =

280 : 4 =

③

: 90 = 5

: 4 = 30

: 80 = 7

: 6 = 90

: 40 = 10

④

46 : 8 = ___ R ___ ___ · 8 + ___

75 : 8 = ___ R ___ ______

⑤

10 : 8 = ___ R ___ ______

69 : 8 = ___ R ___ ______

⑥

4 · 700 =

3 · 8000 =

7 · 500 =

⑦

4 · 3000 =

3 · 600 =

7 · 4000 =

⑧

	4	0	2	0	8
–		6	4	3	3
–	1	0	0	9	2
–			4	1	1

⑨

	2	5	6	4	3
+		4	0	7	5
+			3	4	8
+	1	2	1	0	1
+		6	6	6	6

⑩

	1	0	0	0	0	0
–		5	2	3	4	5
–			7	0	9	9
–		3	6	8	0	1

⑪

3768 + 5 =

3768 + 50 =

3768 + 500 =

3768 + 640 =

⑫

6042 – 6 =

6042 – 60 =

6042 – 600 =

6042 – 350 =

In 10 Minuten hast du ☐ Aufgaben richtig gelöst.

①

·	5	2	3	4	6	0	7	9	10	8	15	20
2												
5												

② Überschlag:
3000 · 2 =

3 2 1 0 · 2

③ Überschlag:
400 · 2 =

4 3 2 · 2

④ Überschlag:

5 0 2 3 · 2

⑤ Überschlag:
7000 · 2 =

6 5 4 2 · 2

⑥ Überschlag:
2000 · 2 =

2 0 7 4 · 2

⑦ Überschlag:

8 1 0 9 · 2

⑧ Überschlag:
3000 · 5 =

3 4 2 0 · 5

⑨ Überschlag:

4 6 3 · 5

⑩ Überschlag:

2 7 6 4 · 5

⑪ Überschlag:

8 2 0 6 · 5

⑫ Überschlag:

9 0 6 7 · 5

⑬ Überschlag:

5 8 7 · 5

⑭

⑮

⑯

①

·	10	9	6	7	8	20	30	50	40	70
3										
4										

② Überschlag:
3000 · 3 =

2	5	3	2	·	3

③ Überschlag:
300 · 3 =

3	2	4	·	3

④ Überschlag:

3	4	2	6	·	3

⑤ Überschlag:

2	3	5	1	·	4

⑥ Überschlag:

5	6	2	·	4

⑦ Überschlag:

4	5	6	7	·	4

⑧ Überschlag:

5	7	8	·	4

⑨ Überschlag:

8	3	0	9	·	4

⑩ Überschlag:

6	2	7	0	·	4

⑪

	8	1	2	3	4
−	2	2	3	4	5

⑫

	4	0	6	3	0
−		4	7	8	8

⑬

	1	0	0	0	0	0
−		8	8	5	7	3

⑭

	8	9	9	5	7
−		6	2	1	3
−		2	1	0	1
−			3	1	2

⑮

	6	8	5	6	6
−		3	4	2	2
−			8	0	4
−	5	1	3	6	4

⑯

	1	0	0	0	0	0
−		1	5	2	7	0
−		2	7	8	5	6
−		5	0	7	4	0

(1)

·	20	40	30	50	16	18	15	17	19
6									
8									

(2) Überschlag:
2000 · 6 =

2	0	3	4	·	6

(3) Überschlag:
600 · 6 =

5	6	0	·	6

(4) Überschlag:

7	1	9	2	·	6

(5) Überschlag:

5	4	2	·	8

(6) Überschlag:

3	6	0	1	·	8

(7) Überschlag:

7	0	5	2	·	8

(8) Überschlag:

7	7	8	9	·	8

(9) Überschlag:

6	7	7	·	8

(10) Überschlag:

9	8	4	5	·	8

(11)

Vorgänger		Nachfolger
	300 000	
	789 000	
	560 000	
	3 799 000	
	6 999 999	
	1 000 000	
	989 999	
	1 348 500	

(12)

:	80
400	
	4
160	
	6
240	
	7
0	
	9

(1)

·	30	20	40	60	15	19	17	18	16
9									
7									

(2) Überschlag:

3000 · 9 =

2 5 3 1 · 9

(3) Überschlag:

600 · 9 =

6 4 8 · 9

(4) Überschlag:

7 5 9 3 · 9

(5) Überschlag:

7 2 9 8 · 9

(6) Überschlag:

4 5 0 7 · 9

(7) Überschlag:

4 1 9 · 9

(8) Überschlag:

2 3 0 1 · 7

(9) Überschlag:

4 5 4 6 · 7

(10) Überschlag:

5 3 8 0 · 7

(11) Überschlag:

9 5 7 · 7

(12) Überschlag:

8 0 6 5 · 7

(13) Überschlag:

6 7 8 9 · 7

(14) Überschlag:

4 5 6 7 · 5

(15) Überschlag:

4 5 6 · 6

(16) Überschlag:

4 5 6 7 · 8

A	B	C	E	G	H	I	K	L	N	O	R	S	T	U
0	1	2	3	4	17	23	34	57	72	85	96	105	112	117

360 : 90 =
6 · 16 =
5 · 17 =
7 · 15 =
58 + 47 =
270 : 90 =
68 + 28 =
2 · 17 =
0 : 124 =

4 · 18 =
230 : 10 =
36 + 36 =
180 : 90 =
73 – 56 =
240 : 80 =
91 – 19 =
12 · 6 =
43 · 0 =
36 + 69 =

210 : 70 =
720 : 10 =
75 : 75 =
180 : 60 =
9 · 13 =
8 · 14 =
3 · 19 =
92 – 89 =
146 – 50 =

Mein Name ist

①

Vorgänger		Nachfolger
9999	10 000	10 001
99 999	100 000	100 001
299 999	300 000	300 001
499 999	500 000	500 001
399 998	399 999	400 000
699 989	699 990	699 991
798 999	799 000	799 001
489 999	490 000	490 001
11 999 998	999 999	1000 000
299 998	299 999	300 000

②

+	8
129	137
192	200
376	384
342	350
492	500
505	513
594	602
796	804
799	807
992	1 000

③ Bitte Bleistift verwenden!

0	+286 →	286	−90 →	196	+104 →	300
↓ +180		↓ +34		↓ −156		↓ −67
180	+140 →	320	: 8 →	40	+193 →	233
↓ : 6		↓ −50		↓ · 7		↓ −229
30	· 9 →	270	+10 →	280	: 70 →	4
↓ · 4		↓ : 2		↓ +720		↓ −4
120	+15 →	135	+865 →	1000	· 0 →	0

Der 4. Rechenmeister

(1) Überschlag:

3	2	1	0	·	4

(2) Überschlag:

4	6	0	1	·	5

(3) Überschlag:

3	4	5	·	6

(4) Überschlag:

4	0	3	5	·	7

(5) Überschlag:

7	5	6	·	8

(6) Überschlag:

6	7	8	2	·	9

(7)

Vorgänger		Nachfolger
	10 000	
	100 000	
	1 000 000	
	430 000	
	599 900	
	899 999	
	317 450	

(8)

−	8
1 000	
	342
562	
	101
807	
	1 000
603	

(9)

	5	0	1	5	7
−	1	0	2	2	5
−		3	8	9	7

(10)

	3	7	2	6	0
+		8	0	7	7
+	1	9	2	0	9
+			9	6	3

(11)

	1	0	9	3	0	8
−		8	5	7	6	0
−			4	3	2	1

(12)

[ ] → ·8 → [ ] → +18 → [ ] → −44 → [ ] → ·3 → [90]

In 10 Minuten hast du [ ] Aufgaben richtig gelöst.

①

·	12		16	18
2				
4		56		
6				
8				
10				
1				
			48	
5				
7				
9				

②

·	13		17	19
	39			
6				
9				
10		150		
0				
5				
			34	
8				
7				
4				

③

26 919 + 9 =

26 919 + 90 =

26 919 + 900 =

26 919 + 9 000 =

④

46 000 – 9 =

46 000 – 90 =

46 000 – 900 =

46 000 – 9 000 =

⑤

47 666 + 4 =

47 666 + 40 =

47 666 + 400 =

47 666 + 4 000 =

⑥

72 400 – 5 =

72 400 – 50 =

72 400 – 500 =

72 400 – 5 000 =

⑦

⑧

⑨

①
30 : 10 =
300 : 10 =
3 000 : 10 =
3 000 : 100 =

②
70 : 10 =
700 : 100 =
7 000 : 10 =
7 000 : 100 =

③
90 : 10 =
900 : 10 =
9 000 : 10 =
9 000 : 100 =

④
6 : 3 =
60 : 30 =
600 : 3 =
600 : 30 =

⑤
21 : 3 =
2 100 : 30 =
210 : 3 =
2 100 : 3 =

⑥
27 : 3 =
2 700 : 3 =
2 700 : 30 =
270 : 30 =

⑦
24 : 6 =
240 : 6 =
2 400 : 6 =
2 400 : 60 =

⑧
54 : 6 =
5 400 : 60 =
540 : 60 =
5 400 : 6 =

⑨
42 : 6 =
420 : 6 =
4 200 : 6 =
4 200 : 60 =

⑩

+	8	80
7 422		
8 644		
14 995		
39 999		

⑪

−	8	80
6 543		
7 217		
19 000		
60 012		

⑫

⑬

① 30 : 5 = ▭
300 : 5 = ▭
3 000 : 5 = ▭
3 000 : 50 = ▭

② 45 : 5 = ▭
4 500 : 5 = ▭
450 : 5 = ▭
4 500 : 50 = ▭

③ 15 : 5 = ▭
150 : 5 = ▭
1 500 : 5 = ▭
1 500 : 50 = ▭

④ 24 : 4 = ▭
240 : 4 = ▭
2 400 : 4 = ▭
2 400 : 40 = ▭

⑤ 28 : 4 = ▭
2 800 : 4 = ▭
280 : 40 = ▭
2 800 : 40 = ▭

⑥ 36 : 4 = ▭
360 : 4 = ▭
3 600 : 4 = ▭
3 600 : 40 = ▭

⑦ 18 : 2 = ▭
1 800 : 2 = ▭
180 : 2 = ▭
1 800 : 20 = ▭

⑧ 60 : 2 = ▭
600 : 20 = ▭
600 : 2 = ▭
6 : 2 = ▭

⑨ 14 : 2 = ▭
1 400 : 20 = ▭
1 400 : 2 = ▭
140 : 2 = ▭

⑩

	7	3	2	0	5
−		6	6	6	6
−	5	0	2	3	4
−			1	5	2

⑪

	8	0	0	0
−	2	3	4	5
−	1	9	7	6
−			4	3

⑫

	8	1	2	3	4
−	1	9	7	0	5
−	3	7	0	1	8
−	2	0	4	1	7

⑬

	4	0	1	2
−		8	7	6
−	2	5	9	9
−		3	5	7

⑭

37		4	50
	13		
3	5		12
45			100

⑮

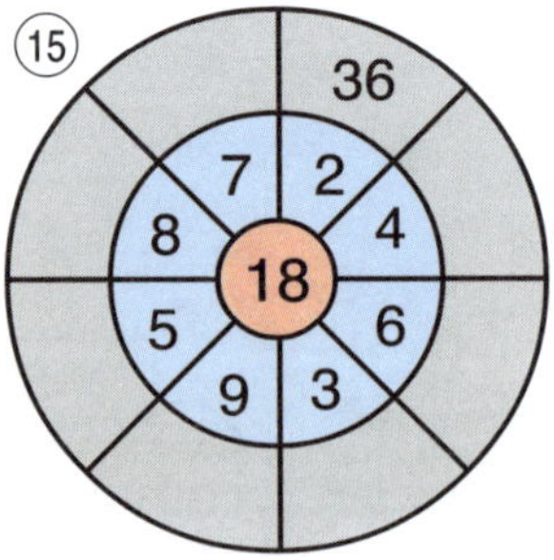

⑯

	7	6	
	15	12	33
14			
	35	35	99

① 835 : 5 = 167 ✓

```
8 3 5 : 5 = 1 6 7
5
3 3
3 0
  3 5
  3 5
    0
```

K:

```
1 6 7 · 5
    8 3 5
```

② 965 : 5 =

K:

③ 325 : 5 =

K:

④ 460 : 5 =

K:

⑤ 365 : 5 =

K:

⑥ 430 : 5 =

K:

⑦ 968 : 2 =

K:

⑧ 356 : 2 =

K:

⑨

60	125	86		38	23		68	47	
40	85		74	77		59	93		63
100		129	113		121	142		115	132

(1)

6	4	2	:	3	=	2	1	4
6								
0	4							
	3							
	1	2						
	1	2						
		0						

K:

2	1	4	·	3

(2) 7 3 5 : 3 =

K:

(3) 8 6 1 : 3 =

K:

(4) 5 3 7 : 3 =

K:

(5) 4 9 2 : 6 =

K:

(6) 3 5 4 : 6 =

K:

(7) 4 6 8 : 6 =

K:

(8) 5 5 8 : 6 =

K:

(9)

+	9	90
6 311		
17 925		
59 991		

(10)

−	9	900
5 000		
16 285		
11 203		

①

–	7	70	700	7 000
7 000				
8 201				
19 420				
26 240				

②

+	7	70	700	7 000
6 713				
37 445				
49 399				
93 953				

③ Bitte Bleistift verwenden!

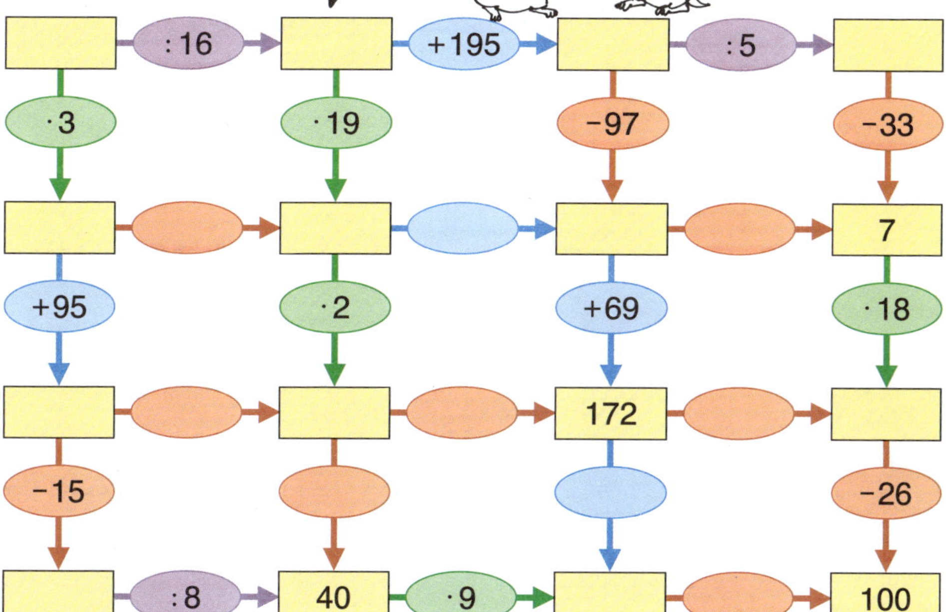

(1)
48 : 8 =
480 : 8 =
4800 : 8 =
4800 : 80 =

(2)
56 : 8 =
560 : 8 =
5600 : 80 =
5600 : 8 =

(3)
24 : 8 =
240 : 80 =
2400 : 8 =
2400 : 80 =

(4)
64 : 8 =
6400 : 8 =
6400 : 80 =
640 : 8 =

(5)
16 : 8 =
160 : 80 =
1600 : 80 =
1600 : 8 =

(6)
72 : 8 =
720 : 8 =
7200 : 8 =
7200 : 80 =

(7) 3 4 4 : 4 =

K:

(8) 2 9 2 : 4 =

K:

(9) 3 4 9 6 : 8 =

K:

(10) 4 5 7 6 : 8 =

K:

(11) 2 4 7 2 : 8 =

K:

(12) 6 6 8 8 : 8 =

K:

A	D	F	G	H	I	J	K	L	M	N	O	R	S	U	Z
7	9	16	30	40	57	64	95	105	108	135	140	153	240	256	420

$300 : 10 =$

$7 \cdot 20 =$

$210 : 2 =$

$450 : 50 =$

$160 : 4 =$

$63 : 9 =$

$142 - 37 =$

$3 \cdot 80 =$

$122 - 27 =$

$52 - 45 =$

$240 : 1 =$

$8 \cdot 32 =$

$91 - 84 =$

$9 \cdot 17 =$

$240 : 6 =$

$28 + 29 =$

$6 \cdot 18 =$

$140 : 20 =$

$7 \cdot 15 =$

$280 : 40 =$

$4 \cdot 16 =$

$420 : 60 =$

$99 - 69 =$

$46 + 59 =$

$490 : 70 =$

$3 \cdot 45 =$

$6 \cdot 70 =$

$54 - 38 =$

$560 : 80 =$

$8 \cdot 30 =$

$35 : 5 =$

$69 + 66 =$

Diese Vögel heißen ______________

und ______________.

① 18 : 9 =
180 : 9 =
1800 : 90 =

② 63 : 9 =
6300 : 90 =
6300 : 9 =

③ 72 : 9 =
7200 : 90 =
720 : 9 =

④ 45 : 9 =
450 : 90 =
4500 : 9 =

⑤ 27 : 9 =
2700 : 9 =
270 : 90 =

⑥ 90 : 9 =
900 : 90 =
9000 : 9 =

⑦ 2124 : 9 =

K:

⑧ 2736 : 9 =

K:

⑨ 5616 : 9 =

K:

⑩ 7668 : 9 =

K:

⑪ 7065 : 9 =

K:

⑫ 4257 : 9 =

K:

⑬

–	6	10	24	30	220	340	450	525	577
624									

① 63 : 7 =
630 : 7 =
6300 : 70 =

② 42 : 7 =
4200 : 70 =
4200 : 7 =

③ 56 : 7 =
5600 : 7 =
560 : 70 =

④ 35 : 7 =
350 : 70 =
3500 : 7 =

⑤ 70 : 7 =
7000 : 7 =
7000 : 70 =

⑥ 49 : 7 =
4900 : 7 =
490 : 70 =

⑦ 1 7 7 8 : 7 =

K:

⑧ 2 3 9 4 : 7 =

K:

⑨ 3 6 4 7 : 7 =

K:

⑩ 6 9 3 0 : 7 =

K:

⑪ Bitte Bleistift verwenden!

Der 5. Rechenmeister

①

·		15	16	18
4	48			
7				

②

·	13	14	17	19
	39			
8				

③

25 370 + 80 =

6 599 + 7 =

74 999 + 11 =

④

5 370 − 800 =

14 026 − 70 =

20 000 − 162 =

⑤

1 6 4 5 : 7 =

K:

⑥

4 3 1 6 : 4 =

K:

⑦

3 200 : 8 =

360 : 60 =

2 700 : 30 =

⑧

280 : 40 =

6 000 : 10 =

180 : 2 =

⑨

5 600 : 70 =

150 : 3 =

4 800 : 80 =

⑩

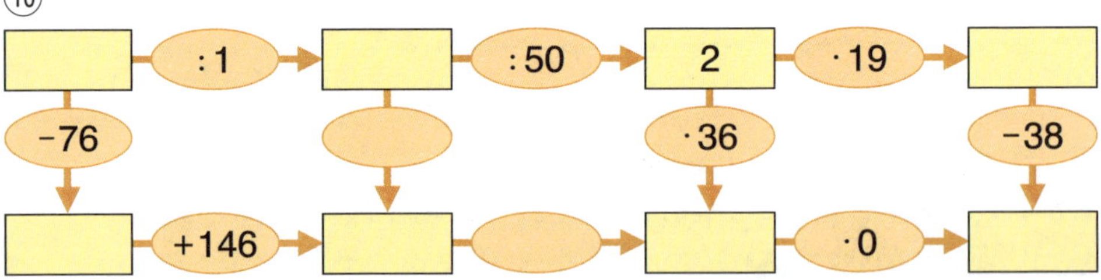

In 10 Minuten hast du ☐ Aufgaben richtig gelöst.

(1)

·	56
2	
4	
6	
8	
3	
5	

(2)

·	65
3	
6	
9	
7	
5	
8	

(3)

·	306
2	
4	
3	
6	
5	
7	

(4)

:	12
24	
60	
36	
48	
72	
96	

Kontrolle:

$\cdot 12 = 24$

(5)

	4	1	5
−	2	1	4

(6)

	7	2	2	6
−	3	5	1	8

(7)

	5	1	1	2
−	3	2	4	0

(8)

	6	3	5	1
−	2	4	0	6

(9)

	9	8	7
−	6	7	8

(10)

	9	0	1	6
−	3	3	3	3

(11)

	4	4	4	4
−	1	2	5	8

(12)

	3	5	1	2
−	2	1	5	6

(13)

	9	0	3
−	3	2	2
−	1	5	0
−		6	1
−	2	0	8

(14)

	8	2	2	2
−	4	1	0	6
−		3	1	8
−	1	5	2	0
−	2	1	0	6

(15)

	9	0	0	0
−	1	2	2	5
−	3	6	4	0
−		2	5	0
−	2	4	0	3

(16)

	5	3	2	2
−		8	1	6
−		6	3	3
−	2	1	0	0
−		7	0	5

(17)

29	19		57
18	17		51
72		33	155

(18)

	15	24	
	18	7	54
3			
	63	31	132

(19)

	12		
8	15	7	
		27	120
95		60	200

①

·	4	6	30	80
700				
4 000				
900				
6 000				
500				
8 000				

② 9 6 4 8 : 6 =

K:

③ 7 8 0 5 : 7 =

K:

④ 4 3 7 4 : 9 =

K:

⑤ 3 1 6 0 : 8 =

K:

⑥

250	40	60	
300		30	350
650	160		1 000

⑦

650		80	880
	40		
130	90		290
1 000			1 590

①

·	7	9	100	500
600				
3 000				
800				
7 000				
400				
9 000				

② Überschlag:
500 · 20 =

4	6	3	·	2	3

③ Überschlag:
400 · 40 =

4	2	7	·	3	6

④ Überschlag:
700 · 30 =

6	8	9	·	3	2

⑤ Überschlag:

5	1	7	·	4	4

⑥ Überschlag:

7	3	9	·	5	7

⑦ Überschlag:

8	0	4	·	9	1

⑧
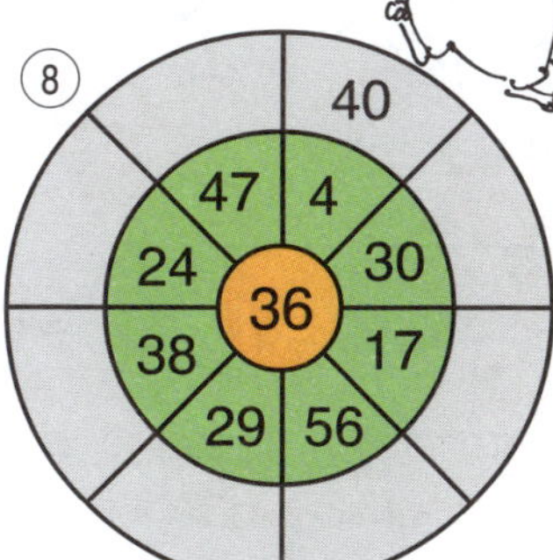

⑨
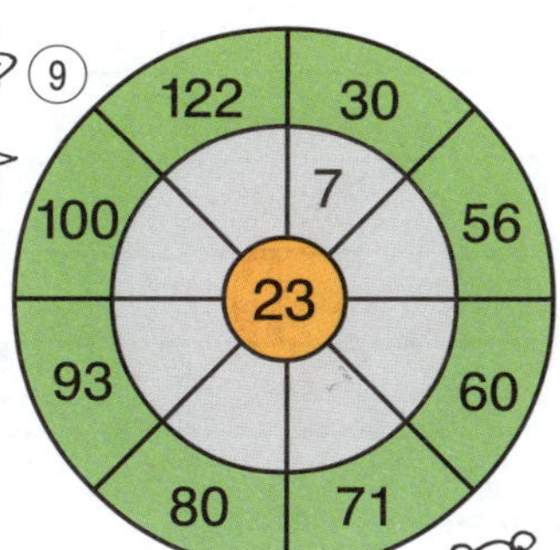

⑩
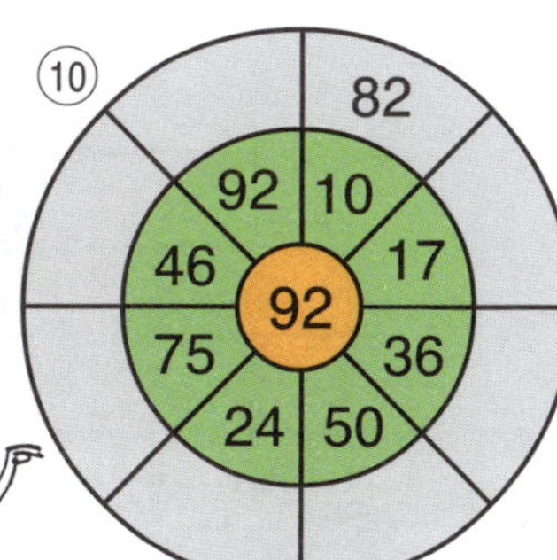

①

·	8	30	60	200
90				
8 000				
300				
7 000				

② Überschlag:

400 · 30 =

3	6	5	·	2	8

③ Überschlag:

400 · 60 =

4	3	7	·	6	3

④ Überschlag:

600 · 70 =

5	8	2	·	7	3

⑤ Überschlag:

6	2	9	·	3	8

⑥ Überschlag:

7	6	2	·	8	6

⑦ Überschlag:

9	0	8	·	6	9

⑧ Bitte Bleistift verwenden!

1

–	19
100	
70	
	30
	80
88	
45	
	72
	96
27	
62	

2

2 000 + ____ = 10 000
4 000 + ____ = 10 000
7 000 + ____ = 10 000
500 + ____ = 10 000
3 500 + ____ = 10 000
350 + ____ = 10 000
35 + ____ = 10 000
8 800 + ____ = 10 000
8 080 + ____ = 10 000
8 008 + ____ = 10 000
6 400 + ____ = 10 000

3

2 + ____ = 10 000
20 + ____ = 10 000
200 + ____ = 10 000
2 200 + ____ = 10 000
1 700 + ____ = 10 000
3 070 + ____ = 10 000
6 090 + ____ = 10 000
7 005 + ____ = 10 000
7 050 + ____ = 10 000
7 500 + ____ = 10 000
9 998 + ____ = 10 000

4 Bitte Bleistift verwenden!

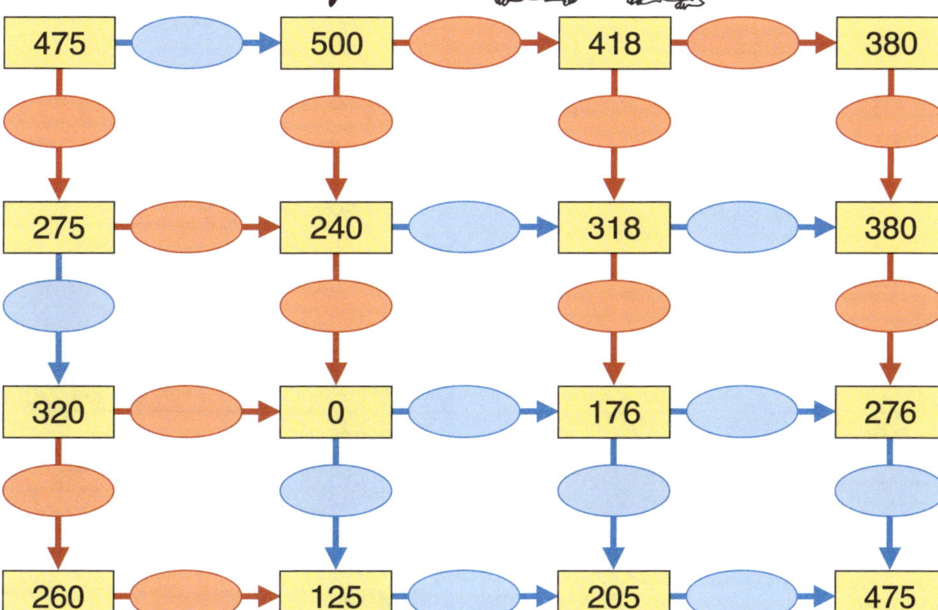

①

·	37
2	
4	
3	
5	
0	
7	
9	
6	
8	
10	

②

·	73
2	
3	
10	
4	
8	
7	
9	
0	
5	
6	

③

·	408
2	
4	
8	
3	
6	
9	
0	
7	
1	
5	

④

:	15	Kontrolle:
30		· 15 = 30
60		
15		
45		
120		
90		
150		
105		
75		
135		

⑤

83 +		=	112
17 +		=	75
72 :		=	9
84 :		=	7
91 –		=	64
25 –		=	0
16 ·		=	160
18 ·		=	72

⑥

	+ 37 =	215	215 – 37 =
	+ 19 =	304	
	: 32 =	5	
	: 18 =	9	
	· 14 =	98	
	· 13 =	117	
	– 56 =	93	
	– 73 =	15	

⑦

–	7	700
6 000		
31 700		
61 605		
80 204		

⑧

+	7	70
9 930		
26 393		
39 990		
79 999		

A	B	C	E	G	H	I	K	N	O	P	R	S	T	Ä	Ö
0	1	2	3	4	5	6	8	114	240	270	300	333	438	448	455

36 : 12 =
420 : 70 =
147 – 33 =
9 · 30 =
36 + 264 =
8 · 56 =
71 – 69 =
75 : 15 =
6 · 73 =
90 : 15 =

200 : 50 =
45 : 15 =
9 · 37 =
560 : 70 =
0 : 12 =
3 · 90 =
64 : 64 =
3 · 80 =
4 · 75 =
273 + 60 =

510 – 72 =
62 – 59 =
6 · 19 =
92 – 87 =
7 · 65 =
300 : 1 =
160 – 46 =
180 : 90 =
350 : 70 =
180 : 60 =
88 + 26 =

Ich bin ___ ___ .

1

·	10	100	200	1 000	10 000
5					
10					
89					
100					
350					

2

:	10	100	1 000	2 000	10 000
10 000					
80 000					
100 000					
360 000					
980 000					

3 Überschlag:

600 · 80 =

609 · 76

4 Überschlag:

467 · 58

5 Überschlag:

369 · 47

6

	123 510
–	8 943
–	25 000
–	16 785
–	33 990

7

	5 580 000
–	277 000
–	27 699
–	1 500 000
–	487

8

	25 000 000
–	730 500
–	6 480 000
–	46 599
–	1 333 440

Der 6. Rechenmeister

①

+	6	600
17 595		
69 994		

②

–	6	60
12 000		
60 034		

③ 8 · 37 = ____
6 · 56 = ____

④ 4 · 73 = ____
7 · 65 = ____

⑤ 75 : 15 = ____
36 : 12 = ____

⑥ Überschlag:

3	2	6	·	3	2

⑦ Überschlag:

8	6	3	·	5	4

⑧ Überschlag:

9	3	7	·	8	7

⑨

:	10	100	1 000	10 000
60 000				
570 000				

⑩ 4 500 + ____ = 10 000
8 100 + ____ = 10 000

⑪ 350 + ____ = 10 000
6 540 + ____ = 10 000

⑫

	4	3	0	1	2	0	5
–		6	0	6	3	1	9
–			2	7	6	9	9
–	1	0	9	9	5	0	0
–				7	8	6	9

⑬ 6 6 2 2 : 7 = ____

K:

In 10 Minuten hast du ____ Aufgaben richtig gelöst.

①

+	3	50	110
425			
668			
999			

②

−	9	30	150
600			
722			
1 008			

③

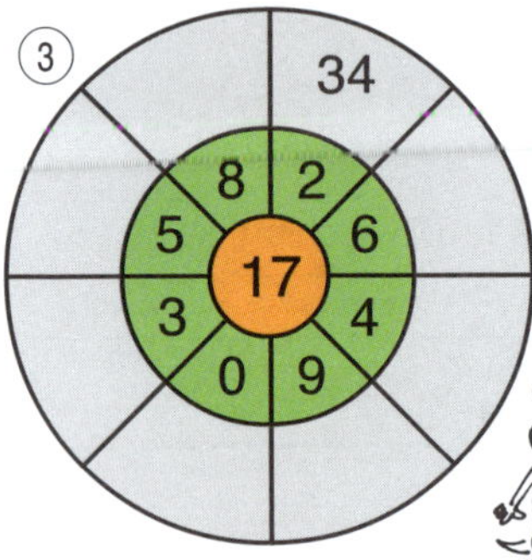

④

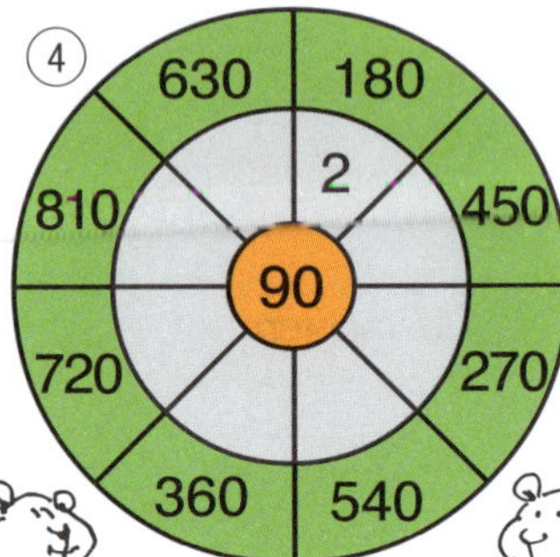

⑤

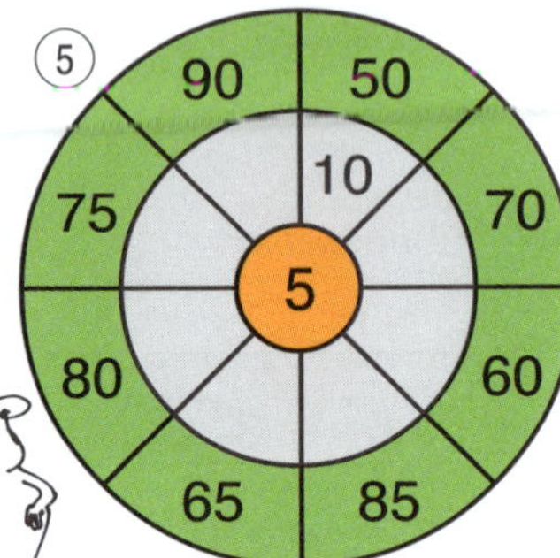

⑥

Zahl	6 800	12 300			18 900
die Hälfte			750	960	

⑦

	3	1	2	4
+	1	7	4	3
+	2	2	1	4
+		9	4	6

⑧

	5	2	1	3	3
+		6	3	5	8
+	1	2	7	4	3
+		8	4	9	5

⑨

	1	2	3	5	7
+	1	4	2	6	8
+		9	3	1	5
+	3	7	2	1	6

⑩

	7	1	0	0	0
+		7	3	8	9
+	1	5	2	7	6
+			9	2	7

⑪

	8	3	7	2
−		4	9	6
−	3	2	1	4
−	1	7	4	8

⑫

	6	9	3	5	2
−	1	4	6	5	3
−		6	7	2	2
−	2	1	9	5	7

⑬

	7	2	1	4	4
−		8	6	7	7
−	1	3	9	4	2
−	3	0	4	7	0

⑭

	9	0	2	1	0
−		7	4	3	6
−	2	1	0	7	4
−	1	7	6	0	5

①

·	48
2	
5	
4	
6	
0	
3	
7	
8	
9	
10	

②

·	84
10	
5	
2	
4	
9	
7	
6	
8	
0	
3	

③

:	80
80	
160	
400	
640	
240	
720	
320	
560	
800	
0	

④

:	14
28	
84	
56	
0	
98	
42	
70	
112	
126	
140	

Kontrolle:

$\_\_ \cdot 14 = 28$

⑤

```
    5 3 □ 8
+     □ 6 6
+   1 0 4 5
+     8 3 3
    1 1
-----------
    □ 6 5 □
```

⑥

```
    7 □ 2 2
+   1 3 0 □
+     6 6 6
+   □ 0 4 3
    1   1
-----------
  1 0 2 □ 6
```

⑦

```
      4 5 5
+   2 1 8 2
+     □ □ □
+   5 2 8 0
    1 2 1
-----------
    □ 4 9 0
```

⑧

```
    □ 0 3 0
+     □ 7 8
+   4 5 □ 7
+     9 4 9
    2 2
-----------
    9 2 2 □
```

⑨ Bitte Bleistift verwenden!

(1) Überschlag:

8 2 5 · 6 7

(2) Überschlag:

6 8 5 · 4 3

(3) Überschlag:

2 9 9 · 8 7

(4)

–	50	600	3 000	20 000
100 000				
32 640				
71 020				

(5) 2 9 4 4 : 4 =

K:

(6) 3 7 6 6 : 7 =

K:

(7)

1 000 + ______ = 10 000

1 500 + ______ = 10 000

3 700 + ______ = 10 000

2 800 + ______ = 10 000

9 900 + ______ = 10 000

1 100 + ______ = 10 000

100 + ______ = 10 000

7 300 + ______ = 10 000

4 900 + ______ = 10 000

(8)

10 000 + ______ = 100 000

50 000 + ______ = 100 000

75 000 + ______ = 100 000

7 000 + ______ = 100 000

83 000 + ______ = 100 000

18 000 + ______ = 100 000

66 000 + ______ = 100 000

99 000 + ______ = 100 000

4 000 + ______ = 100 000

①

	: 15 = 4
	: 12 = 6
	: 30 = 5
	: 14 = 8
	: 60 = 9
	: 13 = 7
	: 70 = 3
	: 15 = 6

②

	· 70 = 350
	· 80 = 720
	· 14 = 126
	· 15 = 105
	· 60 = 360
	· 90 = 270
	· 12 = 96
	· 13 = 104

③

36 :		= 3
39 :		= 3
7 ·		= 98
8 ·		= 88
90 :		= 3
75 :		= 5
16 ·		= 80
25 ·		= 50

④

60	27	23	36	13	34	44	77	78	91
40	45		27		98		47		
100		80		38		105		163	200

⑤ Bitte Bleistift verwenden!

379	+41 →		:70 →		·29 →	
↓ +161		↓		↓		↓
	:60 →		·75 →		−587 →	88
↓ :9		↓ ·18		↓		↓ ·3
	+102 →		·2 →		→	
↓		↓		↓		↓ −170
300	:300 →		→	157	−63 →	

A	B	C	D	E	F	G	H	I	L	N	O	P	R	T	U	V	Ö
0	1	2	3	9	14	15	18	26	33	50	60	96	252	336	425	485	500

360 : 6 =
17 : 17 =
360 : 40 =
200 : 4 =
48 : 16 =
5 · 85 =
506 – 21 =
110 – 84 =
630 : 70 =
92 – 59 =

108 : 12 =
2 · 48 =
3 · 84 =
0 · 48 =
32 : 16 =
90 : 5 =
672 : 2 =
112 : 8 =
270 – 18 =

42 – 33 =
90 : 6 =
67 – 67 =
7 · 48 =
363 – 27 =
5 · 97 =
1 · 500 =
92 – 77 =
117 : 13 =
100 – 67 =

siehst

.

①

___ : 12 = 4
___ : 15 = 5
___ : 80 = 3
___ : 50 = 8
___ : 13 = 6
___ : 17 = 2
___ : 20 = 9

②

17 · ___ = 119
15 · ___ = 90
60 · ___ = 360
13 · ___ = 117
90 · ___ = 810
15 · ___ = 45
12 · ___ = 108

③

	1	3	☐	6	9
+	☐	2	5	3	☐
		1			
	8	☐	1	☐	9

④

	3	☐	5	☐	6
+	☐	4	☐	6	☐
	1	1	1	1	
	8	2	0	2	0

⑤

500 + ___ = 1 000
900 + ___ = 1 000
700 + ___ = 1 000
100 + ___ = 1 000
310 + ___ = 1 000
720 + ___ = 1 000
480 + ___ = 1 000
160 + ___ = 1 000

⑥

500 000 + ___ = 1 000 000
900 000 + ___ = 1 000 000
700 000 + ___ = 1 000 000
100 000 + ___ = 1 000 000
310 000 + ___ = 1 000 000
720 000 + ___ = 1 000 000
480 000 + ___ = 1 000 000
160 000 + ___ = 1 000 000

⑦ Bitte Bleistift verwenden!

Der 7. Rechenmeister

①
6 · 19 =
3 · 48 =
5 · 84 =
9 · 26 =

②
480 : 80 =
360 : 90 =
720 : 80 =
120 : 40 =

③
42 : 14 =
75 : 15 =
84 : 12 =
38 : 19 =

④
2 500 + ____ = 10 000
60 000 + ____ = 100 000
860 + ____ = 10 000
4 000 + ____ = 100 000
35 000 + ____ = 100 000

⑤
2 8 5 6 : 8 =

K:

⑥
7 000 + ____ = 100 000
200 000 + ____ = 1 000 000
52 000 + ____ = 100 000
680 000 + ____ = 1 000 000

⑦ Überschlag:

4 9 6 · 7 3

⑧

+	40	4 000
7 580		
19 990		

⑨

–	4	400
3 200		
90 102		

⑩
____ : 11 = 9
____ : 17 = 8
____ : 13 = 7
____ : 16 = 4

⑪
____ · 60 = 420
____ · 18 = 54
____ · 30 = 270
____ · 19 = 76

⑫
60 : ____ = 5
45 : ____ = 3
84 : ____ = 6
36 : ____ = 2

In 10 Minuten hast du ____ Aufgaben richtig gelöst.

① 15er-Zahlen:

15	30								

② $570 : 15 =$ ___

K:

③ $705 : 15 =$ ___

K:

④ $795 : 15 =$ ___

K:

⑤ $1035 : 15 =$ ___

K:

⑥

	2	□	4	5
+		6	7	□
+	□	1	5	7
+		9	1	6
		1	1	2
	6	8	□	0

⑦

	□	1	□	7
+		9	3	6
+	1	□	8	2
+			4	9
		1	1	2
	7	8	7	□

⑧

	□	□	□	□
+	1	9	7	8
+		5	0	0
+	3	2	6	7
	2	1	1	
	7	4	6	9

⑨

	2	7	4	0
+		6	1	9
+	□	□	□	□
+		7	9	8
	2	1	1	
	9	5	8	9

⑩

	9	4	3	2
−		6	7	2
−	3	7	2	1
−		5	2	1

⑪

	8	4	2	1
−		6	7	7
−	4	1	9	9
−	1	3	5	6

⑫

	7	4	4	4
−	1	3	3	3
−		8	2	9
−	1	5	6	9

⑬

	1	2	3	4	5
−		8	7	2	1
−		1	3	6	5
−		2	0	1	7

① 12er-Zahlen:

12	24								

②

1 7 6 4 : 1 2 =

K:

③

1 8 9 6 : 1 2 =

K:

④

3 6 4 8 : 1 2 =

K:

⑤

5 6 4 0 : 1 2 =

K:

⑥

3 4 3 2 : 1 2 =

K:

⑦

2 5 0 8 : 1 2 =

K:

⑧

```
  8 7 6 5
– 3 4 7 7
  _ _ _ _
```

⑨

```
  _ _ _ _
– 2 1 0 6
  5 3 7 2
```

⑩

```
  9 5 8 1
– _ _ _ _
      1
  1 4 0 8
```

⑪

```
  7 _ 5 _
– _ 4 _ 2
  1 5 2 6
```

①

46	24		90
15	36		65
76		40	216

②

	13	20	42
11			
	9	15	42
	54		138

③

	8		
	3	1	11
3		3	
14		19	49

④

		□	7	3
+		6	5	□
	1	1		
	□	1	□	7

⑤

	□	6	4	□
+	1	□	0	8
	1			
	5	3	□	9

⑥

	□	□	□
−	6	4	5
	1	1	
	2	6	8

⑦

	7	2	5	1
−	□	□	□	□
	1		1	
		4	1	7

⑧

□ · 15 = 120

□ · 12 = 48

□ · 14 = 98

□ · 13 = 117

□ · 16 = 80

□ · 15 = 105

□ · 12 = 96

⑨

5 1 0 9 3 0 : 1 5 =

K:

⑩ Bitte Bleistift verwenden!

①

6 5 1 0 : 3 0 =

K:

②

1 2 3 6 0 : 4 0 =

K:

③

1 1 7 0 0 : 5 0 =

K:

④

3 0 4 2 0 : 6 0 =

K:

⑤

	: 16 = 7
	: 18 = 4
	: 15 = 9
	: 17 = 8
	: 19 = 3
	: 18 = 6

⑥

4 ·		= 56
2 ·		= 38
5 ·		= 60
3 ·		= 48
7 ·		= 91
8 ·		= 72

⑦

90 :		= 5
80 :		= 5
70 :		= 5
90 :		= 6
80 :		= 4
60 :		= 4

⑧

	1	0	0	0	0	0
–		6	6	3	4	5
–				9	9	9
–		2	1	0	8	6

⑨

	8	7	0	0	0
–	3	6	4	4	4
–	1	9	5	6	7
–	1	0	9	0	8

⑩

	1	0	1	0	1	0
–		2	2	2	2	2
–		3	4	5	6	7
–		1	9	8	5	3

A	B	C	D	E	H	I	K	L	M	N	O	P	S	T
0	1	2	3	4	6	9	12	13	16	98	117	280	720	900

92 – 86 =	96 : 16 =	60 : 5 =
99 – 99 =	304 – 295 =	13 · 9 =
80 · 9 =	65 : 5 =	56 : 56 =
90 · 10 =	703 – 694 =	146 – 29 =
720 · 1 =	140 · 2 =	78 : 6 =
160 : 80 =	217 + 63 =	57 : 19 =
90 : 15 =	270 : 30 =	128 : 8 =
9 · 13 =	133 – 35 =	173 · 0 =
14 · 7 =	56 : 14 =	100 – 88 =
70 · 4 =	150 – 52 =	153 : 17 =

☐☐☐☐ du ☐☐☐☐☐ einmal einen

☐☐☐☐☐☐☐☐☐☐☐☐☐☐☐☐☐☐☐☐☐ gesehen?

① 6 7 5 : 1 5 =

K:

② 3 4 8 0 : 1 2 =

K:

③ 8 4 7 0 : 7 0 –

K:

④ 1 8 7 2 0 : 9 0 =

K:

⑤

+	7	200
6 803		
60 993		
45 888		
99 913		

⑥

–	40	2 000
10 000		
11 030		
31 900		
101 000		

⑦
___ · 13 = 52
___ · 14 = 112
___ · 15 = 135
___ · 16 = 96
___ · 17 = 102
___ · 18 = 54
___ · 19 = 76

⑧
___ : 18 = 2
___ : 17 = 2
___ : 16 = 6
___ : 13 = 8
___ : 15 = 7
___ : 14 = 6
___ : 19 = 9

⑨
51 : ___ = 3
45 : ___ = 3
56 : ___ = 4
64 : ___ = 4
65 : ___ = 5
60 : ___ = 5
99 : ___ = 9

①

·	2		8		9		6		0
70		350		210		280		490	

②

3680 : 80 =

K:

③

4350 : 50 =

K:

④

3420 : 90 =

K:

⑤

4340 : 70 =

K:

⑥ Bitte Bleistift verwenden!

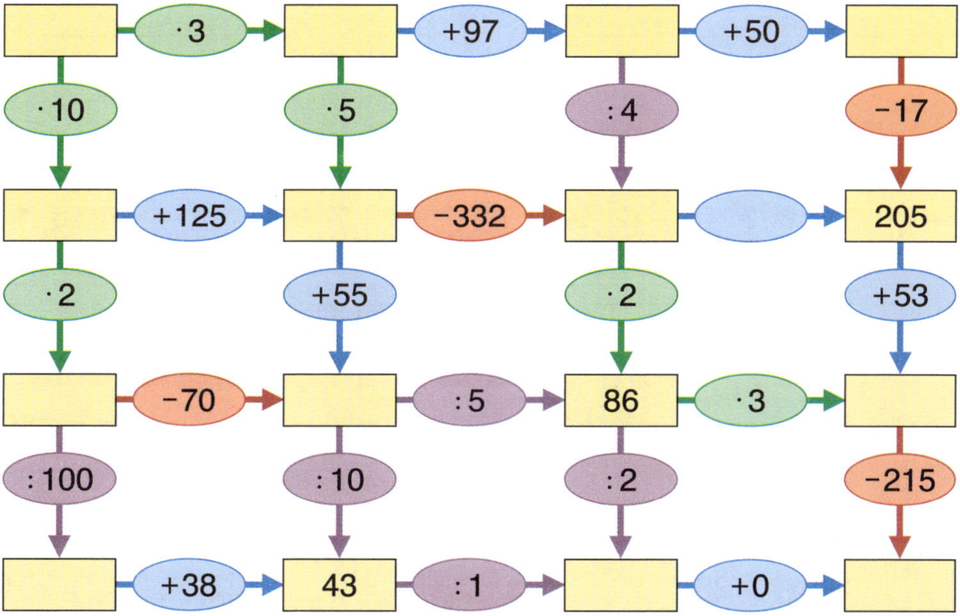

Der 8. Rechenmeister

①

−	90	9 000
10 100		
76 050		

②

+	9	900
9 091		
58 991		

③

3 6 9 6 : 1 2 =

K:

④

1 7 2 5 : 1 5 =

K:

⑤

2 2 2 0 : 6 0 =

K:

⑥

2 3 2 0 : 8 0 =

K:

⑦

		□	8	7	5
+			8	□	2
+		4	6	8	3
+			9	9	9
	1	3	2	1	
	1	0	□	8	□

⑧

	7	4	3	1
−	2	3	1	1
−	4	6	9	9
		□	□	□

⑨

	9	2	0	3
−		7	8	8
−	6	4	4	2
	□	□	□	□

⑩

	9	□	5	□
−	□	6	3	1
−		5	2	0
	1			
	2	4	□	7

⑪

3 · 57 = □

5 · 29 = □

□ · 16 = 96

□ · 18 = 126

⑫

□ : 15 = 4

□ : 19 = 7

84 : □ = 6

108 : □ = 9

⑬

□ · 90 = 450

□ · 60 = 480

8 · □ = 104

3 · □ = 51

In 15 Minuten hast du □ Aufgaben richtig gelöst.

Zahlenfolgen

(1) 45, 46, 44, 47, 43, 48, ___, ___, ___, ___, 40, 51, ___, 52

(2) 8, ___, ___, ___, 17, 34, 29, 58, 53, ___, ___, ___, ___, ___

(3) 1, 1, 2, 3, 5, 8, 13, ___, ___, ___, ___, ___, 233 ___, ___

(4) 1, 4, 9, 16, ___, ___, ___, ___, 81, ___, ___, 144, ___, ___

(5) 72, 19, 66, 38, 60, 76, ___, ___, ___, 304, ___, ___, 36

(6) 6, 6, 12, 18, ___, ___, 78, 126, 204, ___, ___, ___, 1398

Aus schwer mach leicht.*

(7) $3 \cdot 299 =$ 897

___

$5 \cdot 198 =$ ___

___

$6 \cdot 399 =$ ___

___

(8) $4 \cdot 195 =$ ___

___

$7 \cdot 299 =$ ___

___

$3 \cdot 495 =$ ___

___

(9) $8 \cdot 247 =$ ___

___

$9 \cdot 498 =$ ___

___

$7 \cdot 699 =$ ___

___

(10)

◯	7		
	102		119
136		156	
	217		234
			112

(11)

◯		5	
	5 R 6	8 R 1	
	3 R 6		3 R 0
	0 R 4	0 R 4	
80			8 R 8

*Rechentricks siehe 2. Umschlagseite

Zahlenfolgen

1

44	51	49			61	59			71		76
		34	41	39	46				56	54	

2

			15	21	28		45				91
10	13	17	22			43	52			85	

3

	200	30	198	45	194	60	188	75			
17	202	34	200	51			190			102	172

Aus schwer mach leicht.*

4

672 : 4 =

620 : 5 =

680 : 8 =

711 : 3 =

5

532 : 2 =

702 : 9 =

861 : 7 =

972 : 4 =

6

831 : 3 =

752 : 8 =

870 : 6 =

889 : 7 =

Setze + − · oder : ein.

7

73 ◯ 2 = 160 ◯ 14

37 ◯ 5 = 84 ◯ 2

147 ◯ 7 = 210 ◯ 10

8

140 ◯ 50 = 45 ◯ 2

168 ◯ 10 = 2 ◯ 89

33 ◯ 3 = 990 ◯ 10

* Rechentricks siehe 2. Umschlagseite

Zahlenfolgen

1

90	66	180	65				63			540	
		60		90	68	120	67	150			65

2

				52	47	53	46				
46	45	47	44	48						51	

3

10	11	15	24	40			150				516
20			34		75	111	160			405	

Aus schwer mach leicht.*

4

198 + 486 =

473 + 298 =

897 + 75 =

602 + 259 =

5

395 + 243 =

69 + 738 =

478 + 305 =

299 + 517 =

6

278 + 196 =

703 + 297 =

199 + 653 =

998 + 56 =

Setze + − · oder : ein.

7

6 ◯ 60 ◯ 60 = 30 ◯ 10

720 ◯ 80 ◯ 10 = 90 ◯ 1

360 ◯ 6 ◯ 9 = 1080 ◯ 2

8

640 ◯ 8 ◯ 80 = 375 ◯ 5 ◯ 0

9 ◯ 9 ◯ 100 = 9000 ◯ 900

7000 ◯ 70 ◯ 100 = 0 ◯ 7000

*Rechentricks siehe 2. Umschlagseite

Rechnen mit Zahlenfolgen

1.
518 – (1 · 50) = ______
526 – (2 · 45) = ______
534 – (3 · 40) = ______
542 – (4 · 35) = ______
550 – ______

2.
100 · 0 = ______
7 · 5 = ______
99 · 1 = ______
14 · 7 = ______
98 · 2 = ______
21 · 9 = ______

Aus schwer mach leicht.*

3.
538 – 297 =
299 – 145 =
674 – 399 =
880 – 793 =

4.
434 – 298 =
722 – 590 =
999 – 679 =
450 – 293 =

5.
698 – 466 =
777 – 599 =
879 – 690 =
490 – 387 =

Setze immer eine andere passende Zahl ein.

6.
4 · ☐ > 100 – 52
4 · ☐ > 100 – 52
4 · ☐ > 100 – 52
4 · ☐ > 100 – 52

7.
377 + ☐ > 3 · 135
377 + ☐ > 3 · 135
377 + ☐ > 3 · 135
377 + ☐ > 3 · 135

* Rechentricks siehe 2. Umschlagseite

⑥ ⑦ Selbst passende Zahlen finden. Es sind verschiedene Lösungen möglich.

Rechnen mit Zahlenfolgen

1

3 · (50 – 40) = ______

6 · (60 – 51) = ______

12 · (70 – 62) = ______

24 · (80 – 73) = ______

48 · (90 – ______

96 · ______

192 ______

2

2 · 7 + ___ = 100

7 · 3 + ___ = 200

4 · 14 + ___ = 300

14 · 6 + ___ = 400

6 · 21 + ___ = 500

21 · 9 + ___ = 600

8 · ______

Aus schwer mach leicht.*

3

547 + 380 = ___

299 + 145 = ___

696 + 157 = ___

173 + 599 = ___

4

6 · 199 = ___

3 · 259 = ___

4 · 695 = ___

2 · 795 = ___

5

498 – 279 = ___

653 – 299 = ___

980 – 698 = ___

784 – 599 = ___

Gleichungen

6

___ · 6 + 2 = 62 – 12

48 – 24 = ___ · 8

___ · 15 = 900 : 10

7

7 · ___ = 37 · 1 – 9

8 · 3 = 17 + ___

___ · 15 + 8 = 120 – 22

* Rechentricks siehe 2. Umschlagseite

Rechnen mit Zahlenfolgen

1

4 + 250 = ____

8 + 245 = ____

16 + 235 = ____

32 + 220 = ____

64 + 200 = ____

128 + ____

____

____

____

____

2

1 · (100 – 0) = ____

4 · (100 – 10) = ____

9 · (100 – 20) = ____

16 · (100 – 30) = ____

25 · (100 – 40) = ____

36 · ____

49 · ____

____

____

____

Aus schwer mach leicht.*

3

756 : 6 = ____

528 : 4 = ____

406 : 7 = ____

4

702 – 516 = ____

899 – 759 = ____

546 – 398 = ____

5

5 · 298 = ____

3 · 799 = ____

8 · 297 = ____

6

○		12	25
	45	36	
		72	150
4			
			225

7

○	5		
	3 R 4		
95		11 R 7	
78			3 R 18
		23 R 2	9 R 6

* Rechentricks siehe 2. Umschlagseite

Rechnen mit Zahlenfolgen

1

3 + (80 : 4) = ______

3 + (76 : 2) = ______

6 + (72 : 4) = ______

9 + (68 : 2) = ______

15 + (64 : 4) = ______

24 + ______

39 + ______

63 + ______

2

1 + (100 – 2) = ______

3 + (300 – 6) = ______

5 + (500 – 10) = ______

7 + (700 – 14) = ______

9 + (900 – 18) = ______

11 + (1 100 – ______

Aus schwer mach leicht.*

3

915 – 699 = ______

298 · 4 = ______

690 + 247 = ______

4

984 : 8 = ______

372 + 199 = ______

2 · 798 = ______

5

735 – 595 = ______

474 : 3 = ______

880 – 690 = ______

Setze passende Zahlen ein.

6

600 – ______ = ______ · 20

13 · ______ = 100 – ______

520 – ______ = 7 · ______

7

______ · 17 = 680 : ______

______ + 380 = 10 · ______

19 · ______ = 380 : ______

* Rechentricks siehe 2. Umschlagseite

⑥ ⑦ Selbst passende Zahlen finden. Es sind verschiedene Lösungen möglich.

Der große Knobelmeister*

1

100	99	97	94				72	64			
				87	82	76			52		31

2

5		20		80		320	640			
		4	8		32	64	128			1024

3

50 · (10 – 1) =

51 · (10 – 2) =

41 · (10 – 3) =

42 · (10 – 4) =

32 ·

33 ·

4

4000 : 4 + = 1000

3600 : 2 + = 2000

3200 : 4 + = 3000

2800 : 2 + = 4000

2400 : 4 + = 5000

2000 : 2 + =

5

378 : 7 =

273 + 298 =

9 · 398 =

6

499 · 6 =

672 – 399 =

774 : 3 =

7

931 – 798 =

695 + 135 =

720 – 547 =

* Hier dürfen die kleinen Knobelmeister zeigen, wie viele Aufgaben sie lösen können.